北大数学教授 给孩子的数学 思维课

张顺燕/主编　智慧鸟/绘

数学历险日记

城堡里的怪脸

10分钟爱上数学

南京大学出版社

图书在版编目(CIP)数据

城堡里的怪脸 / 张顺燕主编;智慧鸟绘. -- 南京:
南京大学出版社,2024.6
(数学巴士. 冒险日记)
ISBN 978-7-305-27563-0

Ⅰ. ①城… Ⅱ. ①张… ②智… Ⅲ. ①数学—儿童读
物 Ⅳ. ①O1-49

中国国家版本馆CIP数据核字(2024)第016001号

出版发行 南京大学出版社
社　　址 南京市汉口路22号　　邮　编 210093
策　　划 石　磊

丛 书 名 数学巴士·冒险日记
　　　　　CHENGBAO LI DE GUAI LIAN
书　　名 城堡里的怪脸
主　　编 张顺燕
绘　　者 智慧鸟
责任编辑 刘雪莹
印　　刷 徐州绪权印刷有限公司
开　　本 787mm×1092mm　1/12 开　印张 4　字数 100 千
版　　次 2024 年 6 月第 1 版
印　　次 2024 年 6 月第 1 次印刷
ISBN 978-7-305-27563-0
定　　价 28.80 元

网　　址 http://www.njupco.com
官 方 微 博 http://weibo.com/njupco
官方微信号 njupress
销售咨询热线 (025)83594756

数学巴士成员

洁莉

芒娜

多普

玛斯老师

怪博士

麦基

迪娜

玛斯老师：活力四射，充满奇思妙想，经常开着数学巴士带孩子们去冒险，在冒险途中用数学知识解决很多问题，深得孩子们喜爱。

多普：观察力强，聪明好学，从不说多余的话。

迪娜：学习能力强，性格外向，善于思考，总是会抢先回答问题，好胜心强。

麦基：大大咧咧，心地善良，非常热心，关键时候又很胆小。

艾妮：柔弱胆小，被惹急了会手足无措，不停地哭。

机器人哈比：怪博士研发的智能机器人，擅长测量和统计数据，双手可以变成工具。

洁莉：艾妮最好的朋友，经常安慰艾妮，性格沉稳，关键时刻总是替他人着想。

怪博士：活泼幽默，学识渊博，关键时刻总能帮助大家渡过难关。

数学巴士：一辆神奇的巴士，可以自动驾驶，能变换为直升机模式、潜水艇模式等带着孩子们上天下海，还可以变成徽章模式收纳起来。

放学了，我们正在收拾书包，迪娜满脸得意地向众人展示一张入场券。

你们看这是什么，"酷"糖果公司酬宾活动的入场券！

迪娜的运气可真好，听说一千人里只有一个能被邀请去参加这个活动。

不就是家糖果公司嘛，有啥好显摆的！

有本事你也弄一张看看！对了，我可以带着好朋友一起去，除了麦基！

同心圆

　　同心圆是指所有的圆都有同一个圆心，但圆的大小各不相同。

　　同心圆在自然界很常见。无论是拿小石块扔进池塘，水面产生的一圈圈涟漪，还是切开的洋葱上都能见到同心圆。

　　在每个圆的圆周上，任何一点与另一个圆的距离都是一样的，两个同心圆之间的部分叫作环面。

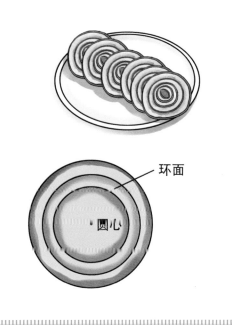

环面

圆心

11

它们担心宝宝们，所以才对你们叫，现在没事啦。

工作人员将白纸和画笔分发给大家。

孩子们开始创作起来。

三角形

　　三角形有三个角和三条边。三条边长度相等的三角形叫等边三角形，它的三个角大小也一样，都是60°。两条边相等的三角形叫等腰三角形，它有两个相等的底角。有一个角是直角的三角形，叫直角三角形。

　　三角形两条相邻的边互相倚靠，受到外力时，这种力量会被均衡地传递到两边，而且内角角度保持不变。因此，无论我们上下拉扯还是向中间挤压它，三角形总能保持形状不变。

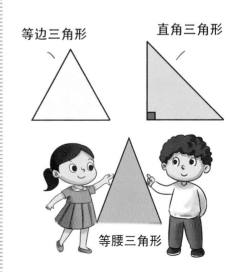

大家把自己设计的狗窝造型图交了上去，结果稍后公布。乌瑞先生宣布，我们小朋友接下来要进入下一个最有趣的"寻宝"环节。

寻宝？怎么个寻法呀？

我为你们准备了很多宝贝，它们被安放在城堡不同的角落，谁找到了就归谁。

哇，太让人激动了！

请各位成人嘉宾跟我去小花园稍事休息。我们已经准备好香醇的手磨咖啡。

祝你们的寻宝之旅好运！

等会儿见！

等会儿见，玛斯老师！

孩子们朝城堡跑去。

麦基来到城堡的
一个房间里。

宝贝到底在
哪里呀?

艾妮踮着脚寻找宝贝。

五角星形
的糖果盒!

五角星形

有三个以上顶点和三条以上边的图形叫多边形，如四边形、五边形、六边形等。而在多边形大家族里有一个格外闪亮的存在，那就是五角星形。

五角星不仅是中国国旗的组成元素，也是中国人民解放军帽徽的主体图形之一。

五角星形在中国历史悠久，据考古资料显示，目前发现的最早的五角星形距今已有5000多年。

这株柚子树结的果子怎么奇形怪状的?

这里的景色真不错,我能不能参观一下?

当然!乌瑞先生特意叮嘱过了,大家在这里可以像在自己家一样。

玛斯老师端着咖啡杯，朝柚子树走去。

螺旋线

　　螺旋线是由一条线在绕某一点旋转的过程中形成的曲线。螺旋线具有不断扩大或收缩的特点。当线围绕某一点旋转时，线上的每个点都会离旋转中心越来越远，形成一个逐渐扩大的螺旋线。相反，如果线的每一点离旋转中心越来越近，那么就形成了一个逐渐收缩的螺旋线。

　　螺旋线听起来很神秘，其实在生活中它无处不在，比如旋转滑梯、旋转楼梯、蜗牛壳上的螺旋纹、弹簧、夏天用来驱蚊的螺旋型蚊香等。

我什么时候才能吃到新糖果呀？

很快。对啦，我还给所有人准备了另外一份惊喜。

乌瑞先生双手击掌。

三个杂技演员登场了。

杂技表演把活动现场的气氛推到了高潮，大人、孩子们全都欢笑起来。可惜玛斯老师不知道去哪里了，错过了刚才的表演。

立体图形

立体图形是各部分不在同一平面内的几何图形，由一个或多个面围成。在我们日常生活中，立体图形随处可见。

你用的铅笔盒、橡皮，以及家里的冰箱、电视等是长方体；玩具魔方、下棋用的骰子等是正方体；笔筒、水杯、电池等是圆柱体；漏斗、陀螺、斗笠、铅笔头等是圆锥体。

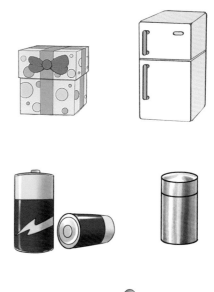

是谁弄掉了我的糖果，我跟他没完！

啊，玛……玛斯老师？！

大家快扔掉手里的糖果，千万别碰！

你这是干什么?

多好的糖果呀,就这么浪费了。

玛斯老师,发生什么事了?

噔噔噔

乌瑞眼睛里闪过一丝不安的眼神。

喂，你可别乱说。

乌瑞先生好心送出的糖果，怎么可能有毒？

迪伦，抬起头来。

啊!

看到他的脸了吗?

这都是乌瑞干的好事!

七巧板

小朋友们一定玩过七巧板吧？那简简单单的七块板，却能拼出千变万化的图形。

那么，你知道七巧板是怎么来的吗？

七巧板又称七巧图、智慧板，是中国民间流传的智力玩具。它是由宋代《燕几图》演变而来的。燕几即宴几，原是招呼宾客用的组合桌，后在民间演变为拼图板玩具。

七巧板由七块板组成的，五块等腰直角三角形（两块小型三角形、一块中型三角形和两块大型三角形）、一块正方形和一块平行四边形。

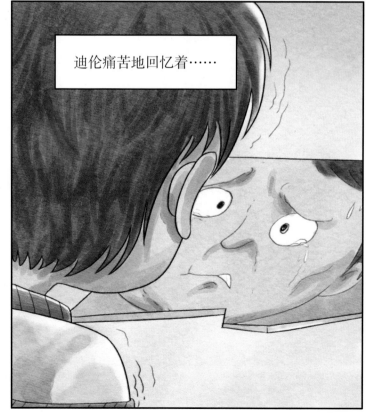

玛斯老师愤怒地揭露乌瑞的阴谋。

43

一般来说，猫咪睡觉时会把身体抱成球形，因为这样可以让露在空气中的身体面积最小，最大限度保温，而城堡里的那只却不是这样。

正常的各种果树结出的果子，几乎都是球体。而城堡院子里种的柚子树结出的果实奇形怪状。

正常

不正常

我偶然兴起，用制作新糖果的原料浇过柚子树、喂过猫，却没想到因此暴露了。

我已经报警，你就等着坐牢吧。

大坏蛋！

大坏蛋！

警察来了，给乌瑞戴上了手铐。

孩子别担心，我们现在就送你去医院。

玛斯老师好厉害！

既勇敢又聪明，你是我们的偶像。

球体

浑圆的立体形状就是球体，同学们对它一定不陌生，因为足球、篮球、兵乓球、皮球等都是球体。

而自然界中，大多数植物的果实也都是类似球状的，比如苹果、蓝莓、橙子、西瓜、橘子、柚子、葡萄等。

球体的表面是一个曲面，被称作球面。和圆形相似，球也有一个中心。圆的中心叫圆心，而球体的中心就叫球心。球体的特点是无论从哪个角度看都是圆的，球心到表面任何一点的距离都相等。

作者简介

张顺燕，北京大学数学科学学院教授，主要研究方向：数学文化、数学史、数学方法。

1962 年毕业于北京大学数学力学系，并留校任教。

主要科研成果及著作：

发表学术论文 30 多篇，曾获得国家教委科技进步三等奖。

《数学的思想、方法和应用》

《数学的美与理》

《数学的源与流》

《微积分的方法和应用》

小数学家训练营

1.圆柱体

下面哪些是圆柱体？

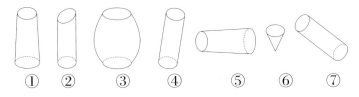

① ② ③ ④ ⑤ ⑥ ⑦

2.三角形

快来数一数，这个图形里有多少个三角形？

3.多边形

花农要在如下图所示的花坛里种花，如果每个角都种一棵玫瑰，总共需要种多少棵？

4.五角星

国庆节到了，负责绿化的工人准备摆一个五角星形的花坛，如果每一条边摆放40盆花，摆这个造型总共需要多少盆花？（五角星的顶点上不摆花盆。）

5.三角形

如果一个等腰三角形的一个角是70°，那它的另外两个角分别是多少度？

6.七巧板

你能否用一副七巧板，拼出下面这个小狐狸的简笔画？

7.立体图形

从任何方向观察，形状都是一样的是下面哪个立体图形？

① ② ③ ④

8.同心圆

下面图形中哪些是同心圆？

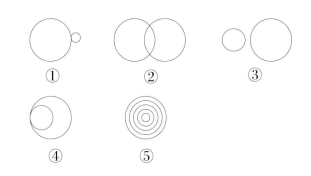

① ② ③

④ ⑤

参考答案

1.答案：图④和⑦是圆柱体。

2.答案：有8个三角形。

3.答案：花坛由6个六边形组合而成的，六边形有6个角，如果每个角种1棵玫瑰，总计要种36棵。但是这些六边形相邻，因此有6条边的12个角被重复计算了，所以应该减掉。因此，花农总计需要种24棵玫瑰。

4.答案：这个五角星形有10条边，10×40=400（盆），总共需要400盆花。

5.答案：如果等腰三角形底角是70°，另外一个底角也是70°，顶角是40°；如果等腰三角形顶角是是70°，两个底角都是55°。

6.答案：小狐狸的简笔画主要分为脑袋、身体和尾巴三部分，我们可以通过所学图形，把这几个部分进行分割。比如脑袋是两个小三角形和一个小正方形，尾巴就是一个平行四边形。而身体部分是两个大三角形和一个中号三角形。

7.答案：图③，球体。

8.答案：只有⑤是同心圆。